动物的

机智生活

2

[日]一日一种◎著 蒋奇武 李文欢◎译

U0185379

北京日报出版社

目录

糟了！

迟到啦！迟到啦！迟到啦！

早春的天气依然凉飕飕的，从冬眠中醒来的癞蛤蟆……

正跑向自己的出生地去产卵。

小动物爬行台阶

从这边上哦！

啊！

上不去啊！

哎……

路边的水沟

哇——

咚——

呼呼——呼呼——

快到池塘啦！

11-11

伊呀呀！

嗖

嗖

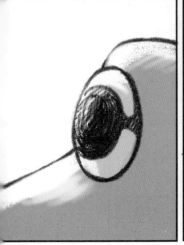

野生生物们的新的一年开始了。

于是……

鸟儿们都喜欢樱花 ❶

染井吉野樱

蔷薇科 樱属

日本最具代表性
的樱花品种。
据说在日本有

数百万到上千万棵。

麻雀

雀形目 雀科

因喙粗大短小，
所以……

② 鸟儿们都喜欢樱花

鹎

雀形目 鹎科

也不是每次都会扯拽花瓣。

喙细长

适合吸食花蜜。
但时不时也会吃花瓣。

麻雀有时也能
不将花弄到地上，
就盗取到花蜜。

在这里开个孔，吸吮花蜜。

鹎 (bēi)

③ 鸟儿们都喜欢樱花

你们那样又扯又拽的，樱花也太可怜了吧！

才没那回事呢！

因为，这么多花都是不结果的。

哎？这么说来，确实没看到樱桃啊。

染井吉野樱花之间不能受粉，从古至今都是通过人工克隆而繁殖量产的。

这就是咱们吃饭的范儿！文明进食吧！

那最起码要刺啦

真够狂野的……

刺啦

染井吉野樱花通过插枝和嫁接这样的"分身术"进行繁殖。

树枝

相同的遗传基因

但也不是完全不能结果，只要能接受到遗传基因，不同的樱花受粉也能结果。

味苦

染井吉野樱花结出的
樱桃

column

专栏

聚集在樱花周围的各种生物

鹎
吸食花蜜，有时也吞食花瓣。

各种蝴蝶
早春时节羽化的以及越冬的蝴蝶会来吸食花蜜。

绣眼鸟
舌头像刷子，非常适合吸食花蜜。

白脸山雀
像麻雀一样经常扯掉花瓣后吸食花蜜。

小啄木鸟
偶尔吸食花蜜，主要是以树上的虫子为食。

麻雀
喙粗短，无法从花的上面吸食花蜜，所以它们将花瓣扯掉后舔舐花蜜。

蜜蜂
早春时节开始活动的昆虫。只要我们不去招惹它，蜜蜂是不会主动攻击的。

摄影爱好者
拍摄花儿以及花丛中的鸟儿。

观鸟爱好者
来观赏花丛中的鸟儿，与花相比，他们更喜欢鸟儿。

赏花的游客
游客真正的目的大都不在赏花，而是借着赏花之名，在樱花树下休闲娱乐。

第一节课 生理卫生

颌针鱼目 青鳉科

日本的野生青鳉鱼有两种（萨氏青鳉和日本青鳉）。双眼突出，故名"目高"。

从上面观察的样子

产卵过程：雄性青鳉鱼用鱼鳍将雌性青鳉鱼抓住，进行体外受精。

鱼鳍的奇特用法

鳉 (jiāng)　　日本青鳉鱼现在已经是濒危物种。

第二节课

道德

产卵完成

好美啊……这就是我们产下的鱼卵。

生在这个时代……请务必坚强一点啊，孩子！

咦，这是什么啊？可以吃吧。

唉，产卵之后肚子饿了哦。

咦？这个鱼子好吃，还挺好吃的！

这是什么鱼子啊？

是谁把我心爱的宝宝吃掉的啊？

是你自己啊！

成鱼会吃掉鱼卵和幼鱼，所以最好将它们分别置于不同的水缸里饲养。

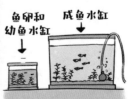

鱼卵和幼鱼水缸↓　成鱼水缸↓

第三节课 理科

小学 5 年级 理科

通过饲养青鳉鱼，
实际观察雌雄青鳉鱼的
差异、产卵等。

常考的题

雌雄青鳉鱼的差异

※ 饲养的青鳉鱼大多都是
观赏青鳉（一种青鳉鱼的品种）。

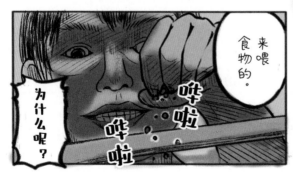

第四节课
历史

不久之前，我们的祖先有很多生活在稻田和小溪里。

可是——

随着时代的变迁，我们成了这片土地上最后的幸存者了。

由于农业形态的改变以及外来物种的影响，原有的日本青鳉鱼成了**濒危物种**。

在不久的将来，我们要是还能生活在大自然里就太好了。

老师……那颗卵是我的孩子……

发卷子啦！

不久的将来——

column

青鳉鱼的饲养方法

入手青鳉鱼

- 各种青鳉鱼在市场上均有销售，入手简单。
  （绝对不能放生野外哦！）
- 有些地方已经将日本青鳉鱼认定为濒危物种。
- 野外捕捉时要遵从当地的规定。

市场上常见的观赏青鳉

饲养青鳉鱼所需的准备

水缸灯

为了让青鳉鱼产卵，需要 13 小时以上的光照时间，所以用定时器来管理开关灯比较方便。

空气泵

水流量较小的气泡石水泵为佳。

饲料

市售的即可。青鳉鱼的嘴巴小，大块的饲料需要用手指先捏碎后再投食。

底床

在鱼缸底部铺满洗净的小卵石。

水草

青鳉鱼产卵、藏身之处，氧气的供给源。

浮草有利于产卵。

温度计

20~25℃是青鳉鱼产卵的适宜温度。
※ 水温过低的话，请使用加热棒。

同时饲养以下动物的话能够净化水箱。

田螺等螺类

泥鳅类

数量只有 2~3 条的话，
两升大小的塑料瓶也可以饲养。

为了避免受伤，
请先在开孔处贴上透明胶带。

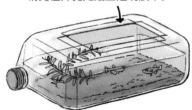

※ 在学校分小组讨论观察时推荐这种饲养方法。

饲养的注意事项

- 为了避免水温过高，请将鱼缸摆放在没有阳光直射的地方。
- 鱼缸的水要使用放置一定时间的自来水或者已过滤的水。
- 水质变差时，换掉一半的水。（不要全部更换哦！）

街头的鸟巢 ❶
灰椋鸟

啊，忙死啦！忙，忙死啦！

雀形目　椋鸟科

咻噜噜

因为它喜欢吃糙叶树的果子，所以被称为灰椋鸟。

忙啊

灰椋鸟妈妈正在忙着喂养孩子呢。

白脸山雀　麻雀

它们的鸟巢或许就在附近吧。

好像是因为灰椋鸟喜欢在糙叶树的树洞里筑巢，所以被称为灰椋鸟。

原来如此啊。

哦，如此啊。

糙叶树

喳喳叽

作为树洞的替代点，灰椋鸟还会将巢穴建在防雨板的窗套、排气口等人工建筑里。

吃饭啦，孩子们。

嗖嗖

糙叶树

排气口如果发现鸟粪或者筑巢用的材料，说不定就有鸟儿住在这里。

译注：糙叶树的日文是"椋木"，灰椋鸟的日文是"椋鸟"。
椋（liáng）

街头的鸟巢 **2**
麻雀

哇，那种地方也能筑巢啊？

那种狭长的地方出入不便吧。

Hi

麻雀先生，您不是也喜欢那种狭小的地方吗？

对我来说，那种地方也足够宽敞了。

哈哈哈……

好啦，好啦。

我也要去喂孩子啦。

哦

桁 (héng)

雀形目　雀科

在树洞和各种人工建筑的缝隙里筑巢。

屋檐瓦
排水口
滴水槽
换气扇等地

有时还会占用燕子和马蜂的巢穴。

也经常在电线杆上筑巢。筑巢点包括：

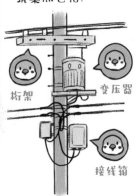

桁架　　变压器

接线箱

大家都在奇怪的地方筑巢呢。

是有这么回事。

嗯……

别说这些啦。快点去干活吧。

肚子饿了，我要吃东西！

好 好的。

街头的鸟巢3
白脸山雀

雀形目 山雀科
从城市到山区，到处可见的小鸟。

腹部有领带状的花纹
粗→雄性 细→雌性
相较于树洞，它们
更喜欢在人造物中筑巢。

鸟巢箱

信箱

等等

家中的小精灵 ❶
果蝇

双翅目 果蝇科

蝇的一种。
常在日本高中理科教材
中出现。

遗传基因

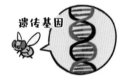

只要家里有腐烂的食物或
酒精的味道,
它们马上就会飞来。

果蝇喜欢
吃腐烂的
香蕉。

嗡嗡

嗅哄哄

嗅哄哄

果蝇还喜欢喝酒。
它们也会醉酒哦。

家中的小精灵 2
跳蛛

蜘蛛目　跳珠科

多色双管跳蛛

家中常见的跳蛛
雄性往往摆动着白色的
触肢徘徊移动。

除此之外，还有两种时常在家
中执行巡逻任务的"蝇警"。

黑色跳蛛　条纹跳蛛

它们都对人无害，
能抓苍蝇，所以是益虫。

在展览会上，
还经常被用于
游戏互动。

吃害虫的生物
壁虎

有鳞目 壁虎科

时常现身于房屋的外墙上。
因吃害虫、守护家而得名
"家守"※。

守护全家！

仅仅是吃吃吃

经常被误认为是蝾螈。
但它们一个是爬行动物，
一个是两栖动物，
两者完全不同。

屋子边的壁虎

在房屋的附近

水边的蝾螈

靠近水源
（两栖类）

区别记忆法

狼吞虎咽！

※ 壁虎的日文为"家守（yamori）"。
蝾（róng）螈（yuán）

雄蚁的婚飞 1

蚂蚁的婚飞是什么？ （参见雄蚁的婚飞 2）

蚁巢中蚂蚁的主要种类

蚁后

原本只需生一胎。
随着工蚁数量的增多，
后期全职负责生育。

工蚁

承担各种工作。
没有生殖能力的雌性。

公主蚁

为开拓新天地而起程的
下一任蚁后候选者们。

雄蚁

主要职能就是婚飞时与
雌蚁交配，在这之前只要
健康地活着即可。

雄蚁的婚飞 ②

即使雄蚁凭借好运交配成功后，也会因为筋疲力尽而……

噌

纯白的

死亡

未能成功交配的雄蚁是不允许归巢的。

死亡

成功交配会

死

冲冲冲

背水一战

未成功交配也会

死

冲

啊!

啊

呜

天敌众多

所谓的婚飞是什么?

在天空中举行的大规模"相亲派对"。不同种类和地域的蚂蚁婚飞略有不同，但基本在春天到初夏雨后的第二天发生。

公主蚁较重，所以大都从草上起飞。

成群结队

雄蚁交配后会死去。公主蚁交配完成后，翅膀会自动脱落，成为新蚁后立即筑巢产卵。

成功交配的雄蚁虽然短命，但其精子仍然能在蚁后的受精囊里存活数十年。

树洞争夺 行动❶

树洞

树干上形成的洞穴。
动物们的栖息地或鸟
筑巢的地方。

中型树洞

啄木鸟在树干上打洞。

鼯鼠在树干腐烂后变软的
地方一点一点地啃咬，不
断变大后形成树洞。

树洞争夺
行动 2

啊啊啊啊啊

猫头鹰
鼯鼠的天敌

静—

呼……

总算走了……

其他动物们
也很喜欢鼯鼠啃出的树洞。

啊,今天真是惊险啊。

在老地方好好休息休息吧。

日本貂   果子狸

青叶鸮   猫头鹰
          (稍大的洞) 等等

住在树洞里的
其他动物都很感谢擅长
挖洞的鼯鼠。

多谢!

我不是为你挖的!

鸮(xiāo) 鼯(wú)

树洞争夺行动 ③

我还有别野呢。嗖

马蜂 嗡嗡嗡

三宝鸟 唧唧

果子狸 有人了！

鼯鼠同时拥有几个家。

今天在这儿住吧！

有时还会把窝筑在村落附近的人造物里。

灰椋鸟

你没有窝吗？村落里有好地方哦。

啊？村落里怎么可能会有好地方……

阁楼

防雨窗套

铁桥　等等

还不错……

沫蝉之辈的水中『隐身术』

半翅目　沫蝉科

梅雨时节，
草叶上经常会出现泡泡。
这些泡泡不仅是沫蝉幼虫防止外敌入侵的屏障，
还是隐身之所。

幼虫

把从植物中吸取的汁液变成泡泡。

用屁股尖呼吸。

成虫

※ 白带尖胸沫蝉的成虫与知了很像。

※ 实际上泡泡的成分大多是水，并不是脏东西。

日本三大鸣鸟之一 知更鸟

雀形目　鹟科

生活在山地里的夏鸟，
叫声优美，

日本三大鸣鸟之一。

↓另外两种鸣鸟：

白腹蓝鹟　黄莺

※ 知更鸟的日文为"驹鸟（komadori）"，日文"驹"的一个意思是"马驹"。

鹟（wēng）

享受踩踏的植物
车前草

所以在人流较多的地方也能生长。

车前草的维管束很结实，

还能将种子粘在鞋底，带到其他地方。

请来多踩踩，让我的竞争对手变得更少。

二〇二〇年 春天

没人来踩吗？

快来多踩一踩吧！

静悄悄……

快来人啦……

当时因疫情，大家都待在家里。

车前科　车前草属

生长在路边的普通草
维管束结实，耐踩踏，不易折。

雄蕊

无花瓣，素朴

个头矮小，在一般的草丛中竞争不过其他的草。

踩一脚

蹭蹭　蹭蹭

春天的谜之音
鼻优草螽

直翅目　螽斯科

虽说虫鸣即入秋，但鼻优草螽是在5-6月发出"叽叽"的叫声。

名字来源于脖子容易折断一事※。

这种虫子的踪迹难觅。大部分人都将其鸣声误认为是电线杆或其他物体发出的声音。

※ 鼻优草螽的日文为："首切螽蟖"，其中的"首切"是"斩首"之意。

螽（zhōng）

雏鸟聚会❶ 长尾山雀科的雏鸟们

雀形目 长尾山雀科

刚刚离巢的雏鸟们
还没练就一身好的飞行本领。
它们排成一列等着妈妈喂食。

统称：

长尾山雀丸子

多的时候能有
十只左右！

成鸟在晚上归巢时，
也会挤成一排。

从下面喂食。

像一个精彩的"杂技"表演节目。

雏鸟聚会 ② 小䴙䴘的雏鸟

鸊鷉目　鸊鷉科

擅长潜水的小型水鸟
筑造浮巢养育后代。
小雏鸟是在妈妈背上
长大的。

发现敌人的踪迹!
快躲起来!

收到!

䴙(pì)䴘(tī)

雏鸟聚会 ③ 斑鸠的雏鸟

哺乳动物

我要喝奶。
妈妈，我饿了。

好的，
来吧，宝贝！

鸽子

真拿你没办法，
过来吧。
妈妈，
我也饿了。
我想喝奶。

嗷 嗷
嗷嗷
嗷嗷

真够狂野啊……

嗉（sù）

鸽形目　鸠鸽科

鸽子的奥秘
鸽乳

你喝的奶来自哪里？

我的来自喉咙，由嗉囊分泌。

嗉囊
平时是临时存储食物的地方。

腺胃
又称"前胃"，进行化学性消化。

肌胃
又称"砂囊"，进行物理性消化。

多亏了这营养丰富的鸽乳，
鸽子一年四季都能进行繁殖。
此外，还有一点，
雄鸽也能分泌鸽乳。

雏鸟聚会 ④ 棕腹杜鹃的雏鸟

鹃形目　杜鹃科

棕腹杜鹃是托卵寄生鸟。
琉璃鸟、青鸲、蓝歌鸲等鸟儿都会将育儿的事情交给别人。

给比自己个头还大的雏鸟勤勤恳恳地喂食……

鸲（qú）

长着如乌喙一样的翼角。

029

Column

专栏

关注离巢幼鸟

刚离巢的幼鸟还不能很好地飞行、捕食或躲避天敌。这时是它们向亲鸟学习生存本领的最佳时期。可是，很多人在看到这些弱小的离巢幼鸟时，十分希望给予它们善意的帮助。所以，每年一到 5-8 月鸟类的繁殖期，环保部门、动物园、派出所或动物医院会经常收到被送过来的幼鸟。但是，这些几乎都是不必要施救的。

刚离巢的
幼鸟的特征（麻雀）

有时胎毛尚存

尾巴和翅膀较短

与成鸟相比毛色较浅

不能很好地站立

人类啊，快一边去！

要去帮一下。

毫无警戒

呆萌

嘎

幼鸟的父母大都就在附近。

被其他动物吃掉也是自然法则。

日本野鸟协会

共同守护！

为了减少这样的误救，日本野鸟协会等机构开展了二十多年的宣传活动，但收效甚微。

经常被误救的幼鸟们

燕子　　　鹎　　　灰椋鸟　　白脸山雀　　斑鸠

夏 Summer

今天是个好天气 1

雨蛙

无尾目　雨蛙科

鼻尖短↙

不喜干燥，所以白天大多蜷缩着身体，静止不动。

手脚蜷缩↗

随着湿度增加，活动会变得频繁，白天也能见到。

下雨前会鸣叫（唤雨）　呱呱呱

今天是个
好天气
2

梅雨季节
常见的花

绣球花

鱼腥草

水菖蒲 等等

雨蛙的合唱

雨蛙的鸣声不会彼此重叠。
最近有研究表明,
它们会同时停止鸣叫。

今天是个好天气 ③

你说下雨天，虫子们都躲哪里去了啊？

好像躲在树叶的背面哦。

呀！
完了！
嗯……

翅膀湿了，没法飞了。
哎呀！

只要不动，就不会被发现。
没看到啊……

雨天的昆虫们

气温变低，再加上翅膀湿了不易飞行，虫子大都躲在暗处，避免外出。

蝴蝶

蜻蜓

瓢虫

青蛙的视觉

青蛙的眼睛对运动的事物反应迅速，但面对静止的东西却不为所动。

用无鱼钩的诱饵也能钓到青蛙。

为什么蚯蚓会钻出地面？

蚯蚓

环节动物门　寡毛纲

据说日本有超过100种蚯蚓。平时身边常见的蚯蚓大都是巨蚓科蚯蚓。

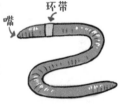

因为没有眼睛的缘故，所以被称为"mimizu※"。蚯蚓是用皮肤呼吸的，下大雨的时候土壤含水量大增，堵塞了土壤中的气孔。氧气不够了，蚯蚓就要到地面上来透气。

※ 眼睛看不见的日文为："メミエズ（memiezu）"。蚯蚓的日文为："ミミズ（mimizu）"。蚯蚓之名由"memiezu"演变为"mimizu"。

绣球花的招牌①

山绣球的招牌花……

在花的四周，让花显得十分醒目。

只不过，它们没有繁殖机能。

但是，招牌花也有非常重要的作用——

有没有正在营业的商家啊？

咦？

山绣球

虎耳草科　绣球属

球状绣球花的原种。名字源于招牌花，看上去很像画的边框※。

招牌花

花瓣呈现画框状。中央部分虽然有花，但是已经退化，不能结果。其功能是招引昆虫。

真花

内侧的小花才是真正的花。是同时具有雌蕊和雄蕊的两性花，能结果。

热烈欢迎！

正在营业！

很显然呀！

感谢惠顾…

那就是发挥了商店招牌的作用。

※ 山绣球的日文为"额紫阳花"，日文"额"的意思是"画框"。

绣球花的招牌 2

花儿吸引了很多客人。

简直就是一间昆虫餐厅啊！

以客人为目标的客人也来了。

真是一间昆虫餐厅！

喔哦 喔哦

今天绣球花餐厅也正常营业吗？

唛？

招牌都翻过来了……

不营业了？

今年的营业时间已经结束，欢迎明年再来！

花期结束，招牌花就会翻转过来。

当真花的花期结束时，周围的招牌花也会像告知商店打烊一样翻转过来。

正在营业

营业结束

翻页

顺带说一句，经过改良的山绣球只有招牌花，那便是我们常见的小皮球状的紫阳花。

初夏的风物诗
源氏萤火虫

鞘翅目 萤科

发光萤火虫的代表。
初夏夜，
常在生态环境很好的
小河边乱舞。

幼虫以放逸短沟蜷为食。
放逸短沟蜷只生长在
清澈的河水中。

鞘（qiào）

初夏的风物诗
紫斑风铃草

桔梗科　风铃草属

因为曾有人将萤火虫塞进花里面玩耍，
所以它也被称为"萤袋"。

花的内侧长着很多**毛**，
所以要把萤火虫塞进去
也要**颇费一番功夫**。

树蛙

别以为树上就安全！1

树蛙是日本（本土）唯一……

在树上产卵的蛙类。

雄性鸣叫呼唤雌性。

哇，动人的歌声……

你愿意嫁给我吗？

美丽动人的姑娘，

我好愿意。

好的，我愿意。

无尾目　树蛙科

大部分时间都在树上度过的奇怪的青蛙。

（为了润湿身体，偶尔会从树上下来，潜到水里。）

我觉得那边位置不错。

催产。

压着肚子

好！我来背你啊……

雌蛙的数量比雄蛙的数量少。在奔赴产卵地的途中，为了与雌性交配，雄蛙会蜂拥而至。

别以为树上就安全！2 虎斑颈槽蛇

雌蛙一旦开始产卵，雄蛙便会接踵而至。

↙用后肢打泡泡。

有鳞目 水游蛇科

常见于河边和田间地头。
喜食青蛙。

产卵时毫无防备，所以经常被偷袭。

有毒，但基本性情温顺，
所以人类遭到攻击的
事件很少发生。

别以为树上就安全！③
红腹蝾螈

卵孵化成蝌蚪后可以落入水中

蝌蚪们的跳台跳水

冲！

日本林蛙在树上产的卵，经过一段时间的孵化……

会掉到树下的水里……

有尾目　蝾螈科

和树蛙的栖息环境相同的两栖类动物。

千万别推我！

别推我！

好的！

好的！

使劲使劲

又不是『自由式』！

叫你别推啦！

蝌蚪

哦哦哦

肚子饿啦

啊！

常常等候在树蛙产卵的树下。

别推！

知道啦。使劲使劲

蜗牛也有姓名

三线蜗牛

真是好悠闲啊！

嗯？

蜗牛先生总是慢慢悠悠啊。

↙ 正在补充钙质呢。

激情……

但对生活充满

我虽然跑不快……

慢节奏的时代。

今后的时代是

的晴天

梅雨季节里

一看到蜗牛先生，我就想生活还是要悠闲点啊。

喂，你们想啥呢？

柄眼目　巴蜗牛科

因身上有三条色带，
故名三线蜗牛。

1
2
3

有的蜗牛身上没有色带，
有的有一条或两条。

日本大约有 800 种蜗牛。
※ 蜗牛是其集体名称。

还真不好发火了……

无防备作战法 蛞蝓

柄眼目 蛞蝓科

背上有 2~3 根线条。
（有些个体线条不清晰）

还有一层薄薄的甲壳。
（壳的痕迹）

日本最常见的是蛞蝓，
属于外来物种。

与蜗牛相比，蛞蝓的
进化程度更高。

蜗牛
进化
蛞蝓

蛞（kuò）蝓（yú）

为什么鸟儿也喜欢蜗牛？

对于繁殖期的鸟类来说，蜗牛是很重要的**钙质补给源**。

鸟蛋蛋壳约*95%*的成分都是碳酸钙。

另外，它们为了飞行必须减轻体重，所以也不可能在体内存储大量的钙质……

因此，鸟儿在繁殖期经常需要摄取钙质。

蜗牛的饲养方法

入手蜗牛

- 梅雨季节，蜗牛活动频繁，很容易被找到。
- 经常出现在树干和水泥预制板围墙上。
- ※ 紫阳花的叶子上很难找到。

喷雾器

蜗牛喜欢湿度较高的环境，所以每天都要加湿。

盖子（通风性要好）

用昆虫饲养盒比较适合。

木棒、小石头

它们经常爬来爬去，可以放些进去。

泥土

因繁殖需要，可适当放入一些。
为了防止翻倒，可选用有一定重量的容器。

食物

卷心菜之类的蔬菜、鸡蛋壳、贝壳（为了补充钙质）。

喜欢吃卷心菜、胡萝卜、苹果等蔬菜和水果。
※ 个体和种类不同，喜好也有稍许差异。

底材

在底部垫一些厨房用纸，便于清扫粪便。
※ 考虑到保温和保湿，泥土是最理想的。

观察繁殖

蜗牛是雌雄同体，但大多还是要有两只以上交换精子才可产卵。

饲养时的注意事项

- 蜗牛的饲养密度不宜过大。密度过大，蜗牛不仅会成长缓慢，还易生病。
- 图示大小的饲养盒适合养 2~3 只。
- 在人工饲养的情况下，让其夏眠或冬眠都较为困难。
- 观察结束后，应该在梅雨季结束前，在捕捉地将其放生。

卵

一次能产下 30~40 个卵。

蜗牛的宝宝

虽然刚出生的时候身体很小，但一出生它们就已经长壳了。

家中的小精灵 ③

尘螨

虽然每家都有尘螨，

但是由于体长很小，它们几乎不被察觉。

也就是说……

人看不见尘螨。

↓尘螨

顺道说一句，大多数螨虫是没有眼睛的。

即便有眼睛，也只能感受光线。

因此……

尘螨也看不见人。

头发

大口 大口

蠢动

好乞！

看不到啊……

螨（mǎn）

真螨目　尘螨科

室内最常见的螨虫。以落发、皮垢、皮屑等为食。

尘螨
↓
体长
0.1～0.4毫米

聚精会神的话，肉眼也能看到。（使用市售的成套工具就能轻松地观察到）

阿嚏

虽然不会叮咬人，但螨虫的尸体容易成为过敏源。

家中的小精灵④ 触足螨

随着尘螨数量的增加，捕食尘螨的触足螨※的数量也会增加。

虽然触足螨有时也会叮咬人类，但毕竟体形太小……

大口 大口

真螨目　肉食螨科

如名字一样，它爪子较大。因为捕捉其他螨虫为食，所以当尘螨等螨虫数量增多，它的数量也会增多。

好吃　好吃　皮屑　尘螨　触足螨

另外，只要家里没有宠物和老鼠，就基本上不会有吸血的螨虫。

好像被什么东西叮咬了。

痒

虫子吗？　挠一挠

不知道是不是虫子……

但是，触足螨并不是为了吸血而叮咬人的，只不过是误咬。

也就是说——

啊呜！

嗖　血食来！

扁虱　壁虱

自己咬了什么。

触足螨也不知道

唧唧

皮肤

居然不知道！　※触足螨的日文为"爪蜱（tsumedani）"。

因此用吸尘器把被褥清理一下最好。

仅仅把被褥晒一晒的话，成为过敏源的螨虫尸体仍然存在。

阳光

嗡嗡嗡嗡嗡

因为外出时衣物上面会附着螨虫。

不过即便晒被褥、用吸尘器清理被褥，也几乎不可能完全清理掉螨虫。

我回来啦！

我回来了！多有打扰！

经常打扫卫生，断掉螨虫的食物来源是控制螨虫最有效的手段。

大多情况下，螨虫或多或少是肯定存在的。

不能外出，那就勤做家务活吧。

头发、头皮屑、食物残渣……

日本最小的老鼠
巢鼠

啮齿目　鼠科

喜欢在芒草、茅草上做窝。
世界罕见的物种。

体重和500日元硬币（7克）相当。

如果不小心将它们的
巢穴弄掉了，
只要小心地将其放在
原地即可。
巢鼠妈妈会带它们去安全
的地方。

蚂蚁们的失踪之谜 1

蚁蛉（幼虫）

脉翅目 蚁蛉科

别名

蚁狮

在雨水淋不到的屋檐下等泥土干燥的地方筑巢。

蚂蚁们的失踪之谜 ❷

蚁蛉的一生

幼虫经历 2~3 年的成长后变身为蛹。

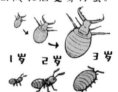

巢穴和猎物往往也随着年龄增长而变大。

↓

它们在梅雨季节，会结成泥团状的蛹。

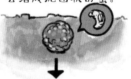

↓

成虫只能存活一个月左右。

在泥土中产卵。

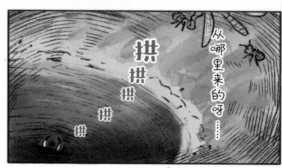

身边最常见的蝉

油蝉

半翅目 蝉科
油蝉的鸣叫声
与油炸食物时的声音相似，
当然也存在别的说法，
这里就不累述了。

雄蝉为了吸引雌蝉而拼命发出的呼喊。

等待有缘人！

滋滋滋滋滋滋滋滋滋滋

可是，当雌蝉出现在眼前时……

♂ ♀ 啪 ！

滋滋滋

滋滋滋

滋滋滋

滋滋滋

求爱行为却很害羞、含蓄。

悄悄的……

轻手轻脚

滋滋

雌蝉只要不喜欢雄蝉，就会不停"啪嗒啪嗒"地扇动翅膀，表达厌恶之意。

比较懦弱

打扰……了！

啪嗒啪嗒

NO!

不知为什么，蝉有时会出现异种交配，还有雄蝉相互交配的情况。

唉

……

原来是雄蝉，还打算上去表白呢……

滋滋滋

※只有雄蝉能发出鸣叫。

成虫一般只有一个月左右的寿命……大约有四成的雄蝉未交配就死去了。

哇！

我还不想死啊！

喋喋喋

垂死挣扎……

在地下蛰伏了四年却……

※蝉的种类和其营养状况不同，其在地下蛰伏的时间也不一样。

我的天哪！

蝉炸弹

蝉个头大、声音吵，很多人讨厌蝉。
但是只要能深入了解一些关于蝉的知识，
或许人们对它的厌恶和恐惧就会减少一些吧。

貉　全球高人气动物

汪汪汪汪汪汪

汪汪

家里的院子里来了一只貉。

真的耶！好可爱哦！

肉食目　犬科

以小动物、昆虫和果子等为食的杂食动物。
在市区生活的貉有时会吃宠物的饲料或是在垃圾中刨取食物。

在一些没有貉生活的地方，狸的人气很旺。

太可爱啦！

请多吃些！

接一口 一口

貉 (hé)

近年不断增多的外来生物

浣熊

肉食目　浣熊科

因为和貉长相相似，所以经常被认错。

貉

浣熊

作为外来物种，在日本引发了很大的问题。
毁坏农作物
捕食本地动植物
损坏文物
……

因其常在河边捕食鱼类，动作像在水中浣洗食物，故名浣熊。

貉和浣熊哪里不一样？

才不是呢！我先发现的！

是俺先发现的食物！

貉

浣熊

嗷

呜

虽然两者容易被混淆，但是仔细看，有以下的区别：

耳朵边的颜色发黑。

尾巴短。

虽然有五只爪子，但抓地的只有四只。

四肢黑色

※ 外来生物

脸部中间的位置有条黑线。

耳朵边的颜色发白。

有五只非常灵巧的爪子

最简单的区分方法是看尾巴上是否有条纹。

外来户！都快走开！

竹哪来！回哪去！

057

身边常见 夏鸟的代表 黄眉姬鹟

雀形目　鹟科

低洼地常见的夏鸟

外形漂亮，声音好听。

平常的啼声响亮清脆，
（很像短笛发出的声音）
有时发出声似寒蝉的鸣叫。
尚不清楚是不是在上演
"模仿秀"。

也很擅长模仿东胸竹鸡的叫声。

鸣叫声大的外来生物 画眉

雀形目　画眉科

眼睛的周围有一道形似眼镜的白圈

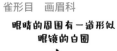

原产自中国

啼叫声清脆，不过声音稍大，或许有人嫌吵。

因善模仿其他鸟的叫声而闻名。

让人有夏末之感的蝉 寒蝉

半翅目 蝉科

鸟儿们也能模仿的大众歌曲

知了 知了

作词、作曲

声音渐强

叽 ------------
叽叽 --- 叽叽 ---

序曲

知 ----- 了
知 ----- 了
知 ----- 了
※ 重复

情绪饱满

滋 ----- 呀
滋 ----- 呀
滋 ----- 呀
叽 ----- 呀

注意歌音

咿 ----- 呀

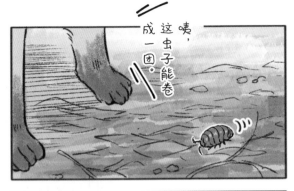

备受孩子欢迎的昆虫 卷甲虫

等足目　卷甲虫科

卷甲虫是日本最常见的虫子，但它是原产自欧洲的外来物种。它们是大森林的清理工，以落叶和动物的尸骸为食。

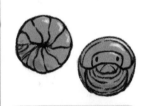

卷甲虫和鼠妇的区别

卷甲虫
- 能卷成一团
- 行动迟缓
- 身体较厚实

鼠妇
- 不能卷成一团
- 行动迅速
- 身体扁平

腹部有卵的话不易蜷缩。

卷甲虫的饲养方法

寻找卷甲虫

- 在落叶下面、湿漉漉的地方容易发现它们。
- 石头下面、花盆的底下也是重点。

四周滑溜溜的话，它就爬不出来了。

喷雾器

每天要适度加湿。

饲养器皿

昆虫饲养盒、空瓶子、饭盒等都可以。

腐叶土

既是底材，又是饲料。厚度2~3厘米即可。

落叶、树枝

不仅能当食物，还能为虫子提供隐蔽的场所。

自由研究也能用得上！

卷甲虫实验

食物

基本上不挑食，落叶、鱼干、卷心菜、胡萝卜、茄子等都可以。

最好偶尔能添加一点增强钙质的食物（蛋壳、宠物用的营养补充食品等）。

卷甲虫迷宫

利用卷甲虫的交替性转向（不连续左、右转向的习性）反应做的实验。

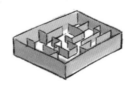

饲养的注意事项

- 市售的蔬菜有时会沾有农药，最好洗净后投食。
- 有些落叶它们不吃。注意观察它们吃些什么。

  （例）它们几乎不吃樟树的树叶。

落叶分解实验

小学经常开展的实验。

观察落叶需要多久能被分解掉。

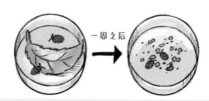

一周之后

充满开拓精神的昆虫 薄翅蜻蜓

薄翅蜻蜓的势力分布图

我们要把势力范围扩大到北方

春

继续往北飞！

这里就是本州呀！

夏

*经常出现在甲子园棒球比赛的实况转播中。

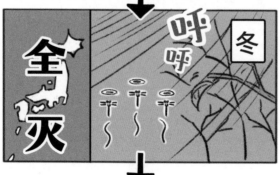

我们做到了！

称霸日本全国！

秋

*宗谷岬

全灭

呼呼

冬

蜻蜓目 蜻蜓科

它们总是飞来飞去，
很少停留。
虽然知名度比较低，
但在日本是最常见的
一种蜻蜓。

幼虫期的时间很短，
只有50天左右，
所以它们一边不断繁殖，
一边持续向北移动。

还要再往北边去嘛！

还要往北

最后抵达本州以北地区，
因为挨不过冬天……
最终死亡。

又一年春天

在动物界人气十足的蜜蜂

细黄胡蜂

膜翅目　胡蜂科

人们将它命名为胡蜂，
它的体形非常小。

细黄胡蜂
身长约 1~1.5 厘米

大虎头蜂
身长约 3~4 厘米

胡蜂的巢穴在地下，
所以其他生物经常会在
不经意间激怒它们。

尽管胡蜂给人留下一种
强壮、可怕的印象，
但其实它们有很多天敌。

 熊就是
其中一种。

喜爱蜜蜂的鹰 凤头蜂鹰

敌人又来啦!

啊

我们好不容易才把巢穴修好!（哭）

我以为它吃饱了就会回去的……

天哪！它怎么又回来了啊！

嗡嗡嗡

鹰形目　鹰科

它既不是"蜜蜂"，也不是"熊"*，而是鹰的一种，在日本属于夏季候鸟。

我还要带给孩子们吃哦。

扑棱扑棱

头上的羽毛呈鳞片状，非常坚硬。

『凤头蜂鹰』式防护服

脚上的皮肤也很厚。

它们会把蜂巢里的幼虫和蜂蛹喂给自己的雏鸟。育儿期也会和蜜蜂的保持一致。

女王殿下晕倒了！

是人类也吃的营养丰富的食物。

※ 凤头蜂鹰在日本被称为"蜂熊"。

不要碰，有危险！①

桑脊虎天牛

鞘翅目　天牛科
因身上覆有虎纹（虎斑）
而得名的天牛

人们认为它经常
伪装成蜜蜂。

桑脊虎天牛的幼虫
吃桑叶长大，
因此经常能在桑树周围
看到它们。

轰轰轰
轰轰轰
轰轰轰

大口咀嚼

啊，
什么「蜜蜂」？
蜜蜂？

算了，
没什么了……

不要碰，有危险！②
花虻

几日后——

『蜜蜂』超级可怕……

颤颤巍巍

你是不是吃到

真的了……

双翅目 食蚜蝇科
有些种类像蜜蜂。

经常待在花丛里，也是它们被误认成蜜蜂的原因之一。

蜂和蝇

两者在分类学上有很多区别，比如翅膀等。
眼睛也是比较容易能看出区别的地方。

一秒倒下（装死）

这又不是蜜蜂呀！

蜂（蜜蜂）　蝇（苍蝇）

雄性和雌性略有不同。

蝇的眼睛更大。

* 学名蜂虻。
虻（méng）

不要碰，有危险！❸ 透翅蛾

鳞翅目 透翅蛾科
因为它们翅膀是透明的，
所以得名"透翅"。
这些物种和蜜蜂非常相似。

腰赤透翅蛾　背条透翅蛾　红颈透翅蛾

叶子的背面可能藏有马蜂和有毒的毛毛虫，所以不要随意触摸哦。

你可能被骗了？！
～身边的拟态生物们～

拟态是指生物们为了不被敌人发现而将自己融入周围的风景，或者为了吓跑敌人而伪装成其他危险生物的行为。

桑尺蠖

伪装成树枝的蛾类幼虫。

（第 1 章中也有登场）

花虻（蜂蝇）

伪装成蜜蜂。

竹节虫

伪装成树枝。

蚁蛛

伪装成蚂蚁的蜘蛛。

柑橘凤蝶（幼虫）

伪装成鸟粪。

斐豹蛱蝶（雌性）

伪装成有毒的金斑蝶。

黄苇鳽

伪装成芦苇。

枯叶蛾

伪装成枯叶。

蛱（jiá）鳽（jiān）

① 一年级新生的『迁徙大挑战』

因为海就在那里！

燕
雀形目　燕科

它们是众所周知的夏季候鸟，在秋天飞往东南亚。尽管至今仍有很多关于鸟类迁徙的谜团尚未解开，但某项研究表明，日照时长和荷尔蒙的作用能让鸟类迁徙的情绪高涨起来。

*迁徙并不能让其变成"肌肉鸟"。

一年级新生的『迁徙大挑战』

2

隼（sǔn）

粗略版

燕子在秋天的迁徙路线——具体的迁徙路线中还有很多细节尚不清楚。

也有选择在日本南部过冬的个体。
在过去，人们甚至认为燕子会在水中度过冬天。

一年级新生的『迁徙大挑战』③

回北方！不回去是不行的哦！

满满当当的燕子日程表

月份	活动
1月	越冬
2月	迁徙
3月	
4月	在北方 ·筑巢
5月	·产卵
6月	·育儿
7月	
8月	集体生活
9月	迁徙
10月	
11月	
12月	在南方过冬……

穿越大海的山林猛禽 **❶**

秋天，日本的某个岬角……

雌性灰脸鵟鹰

终于要越过海峡了！

好厉害，大家都聚在这里！

一群灰脸鵟鹰

噼咕噼咕

还有好多其他的鸟啊——

一群栗耳短脚鹎

噼哟噼哟

一群人类

为什么？！

灰脸鵟鹰

鹰形目　鹰科
濒危物种

灰脸鵟鹰是象征日本山林的猛禽。秋天时，它们会形成"鹰柱"，成群结队地飞翔。

上升气流

著名的观鸟胜地吸引了很多观鸟爱好者。

鵟（jiù）

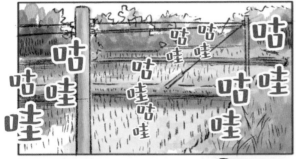

我们不会被"那个"打中吧……

那个→

啊！我认识那个人类！

② 穿越大海的 山林猛禽

虽然灰脸鵟鹰也会生活在山区，但它们还是特别喜欢半山腰处有稻田的环境。

繁殖地点

我去工作了喔！

获取食物！

我回来啦！

主要的觅食场所

主食是小动物，如两栖动物、爬行动物和昆虫等。

青蛙　蜥蜴　昆虫　蛇　等等

也就是说，
对于灰脸鵟鹰而言，
日本山林是适合育儿的
最佳环境。

咕哇 咕哇 咕哇 咕哇 咕哇 咕哇 咕哇 咕哇

吃

到了！

那个人看上去很开心啊。

干什么？感觉有点可怕……

笑嘻嘻的

③ 穿越大海的 山林猛禽

日本由于人口老龄化和
劳动力不足等原因，
被放弃耕作的土地不断增多。
随着农田的大量荒废，
灰脸鵟鹰的觅食环境
也变得越来越恶劣。

…呼

哎呀！

……痛……

稻田

↓

被弃耕的田地

找不到……
（青蛙）

杂草丛生
耕地非农化

就这样，喜欢生活在草地
和灌木丛中的生物变得
越来越多……

明年还得努力种地啊。

灰脸鵟鹰喜欢的环境
往往农业效率低下，
特别容易变成废弃的耕地。

秋天突如其来的家庭暴力

狐狸
（日本赤狐·北海道赤狐）

食肉目 犬科

秋天对许多动物来说是和幼崽分别的季节。
狐狸会突然追逐和攻击孩子。

有些幼崽在受到攻击后的一天内就离开了父母，还有些幼崽无论受到多少次攻击都不愿离开父母。

貉的交通事故

好险……还不快跑呀！

它是不是被灯光吓到了？

貉是哺乳动物中最容易遭受交通意外的。
尤其是在秋天，幼崽和父母分别单独行动的个体数量变多，交通事故也随之增多。

注意动物
出没

貉"晕倒"

嘟 嘟 嘟 嘟

貉胆子小，
一遇到危险马上就会晕倒。
有人说它这是在装死，
但也不能确定它到底
是不是在演戏。

咣当

晕过去了？

被车灯吓得晕倒在原地。

人类身边的野生哺乳动物 日本伏翼

超级台风接近中……

呼呼呼呼呼

垃圾

嘻嘻嘻!找到了一个很好的藏身之处哦!

即使是台风来了也不怕。

呜哇——风越来越大了呀!

好久没关防雨窗了。

砰砰砰

不带镶板的防雨窗

翼手目 蝙蝠科

由于它们潜伏在人类住处的周围,所以也被称为"家蝙蝠"。

发现缝隙!

鬼鬼祟祟

日本伏翼通过防雨窗的空隙、阁楼、通风口等各种各样的缝隙钻进人类家中。

马铁菊头蝠

鼻子长得很有个性的蝙蝠

翼手目 菊头蝠科

它们的鼻叶像菊花，于是有了这个名字。

鼻孔

鼻子的构造难以理解，总之非常神奇。

超声波也不是从嘴里发出，而是从鼻子发出。

睡在叶子里的哺乳动物 乌苏里管鼻蝠

翼手目 蝙蝠科

身形小而轻的蝙蝠
经常在叶子里睡觉。

冬天像北极熊一样在
雪中冬眠。

可以说是不断打破人类
对蝙蝠认知的"怪胎蝙蝠"。

在冲绳随处可见的蝙蝠 琉球狐蝠

翼手目　狐蝠科

因为不发出超声波，所以眼睛大、耳朵小。

喜欢吃水果。

它们有时还会出现在街边种植的树木上，让游客大吃一惊。

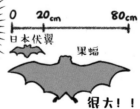

0　20cm　80cm

日本伏翼　　果蝠

很大！！

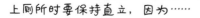

上厕所时要保持直立，因为……

在河边常常看见蝙蝠。

可能是因为它们吃的虫子大多生长在河边。

因此有这样的说法，「蝙蝠（koumori）」的发音是由

「川守（kawamori）」这个词演变过来的。

川守　井守　家守

3名守护者

（其中两种并没有特别保护什么）

还有汉字（中文）

蝙蝠

蝙蝠的「蝠」和「福」同音，所以它们在中国古代是吉祥物。

作为吉祥物，蝙蝠被用在各种各样的设计图中。

蝙蝠在西方的形象有点可怕。

福

万圣夜

存在个体差异。

最近数量骤减的生物 蓑蛾

鳞翅目　蓑蛾科

它们之所以叫这个名字，是因为外表看起来像古人穿的蓑衣。
雄虫发育成熟之后，就会离开蓑囊。

大蓑蛾

筑巢时多使用树叶作为材料。

茶蓑蛾

筑巢时多使用小树枝作为材料。略微斜着贴在树枝上。

幼虫

你好!

饿的时候会出来。

蓑（suō）

让人联想到死亡的花朵 彼岸花

彼岸花

虽然彼岸花经常给人留下一种长在墓地里的可怕印象……

但实际上,彼岸花含有大量的生物碱类毒素。

很久以前就被用来驱赶鼹鼠和老鼠。

也就是说,彼岸花其实是守护之花,是值得尊敬的花。

哎?我从没见过死去的人被埋在土里。

我听说以前是这样的哦。

现在几乎不采用土葬了。

天门冬目 石蒜科

据说花开在彼岸,毒性很强,吃了就会到达彼岸(死亡),因此得名。

彼岸

此岸

农田周围也经常种植此花。

在防鼹鼠方面,并没有什么效果。但有研究报告称,彼岸花能阻碍杂草的生长。

※ 三途川,类似于中国神话中的"忘川"是日本传说中生界与死界的分界线。

阁楼上的房客

果子狸

最近天花板里有传来奇怪的声音哦。

天气越来越冷了，是不是有什么小动物进来了？

食肉目 灵猫科

果子狸野外分布于中国华北以南的广大地区。它们也栖息在城市里，有时会爬进阁楼。

认一下吧？

有点害怕，我们还是确

哼，反正应该就是只小老鼠吧。

脸的中心有白线（别名：白鼻心）。

它们很擅长爬树，有时还会穿越高压线。

咔

嚓

秋末与铃虫 0

铃虫

直翅目　蟋蟀科

秋季鸣虫中最具代表性的物种。

铃虫因为叫声像铃声而得名。翅膀折叠起来的时候只是一种朴素、不显眼的昆虫。

它们是夜行动物，所以触角很长。

秋末与铃虫 2

铃虫的生命是脆弱的。成虫的生命只有两个月。

在做什么呢？
铃虫已经死了吧。
还在泥土里活着呢。

所以如果我不好好照顾它们的话，
明年春天之前，

铃虫的生命周期

虫卵期的时间和它们幼虫以及成虫形态加起来的时间一样长。

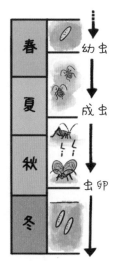

春	↓
夏	幼虫 ↓
秋	成虫 ↓
冬	虫卵 ↓

8月底到10月左右可以听到铃虫的鸣叫声。

都没法看到它们……
我相信虫卵肯定是活着的。

铃虫的饲养方法

来捉一只铃虫吧!

- 在野外,它们常常隐藏在缝隙中,很难捕捉。
- 夏末的时候,很多家居用品商店都有卖。

- 可以使用陷阱,或在白天故意设置一个"藏身之地"(利用枯木等)进行捕捉。

藏身之地

里面放置树枝和花盆碎片等。
这些可以作为铃虫成虫时落脚点。

土

放入深度为 5 厘米左右的土。土需在阳光下晒干。

食物

- 黄瓜、茄子、杂鱼干、鲣鱼干等。
- 市面上也有专门卖给铃虫吃的食物。
- 注意:如果肉类食物不足,可能会导致铃虫互相吞食。

一起来观察吧!

孩子们很喜欢铃虫张开心形翅膀然后鸣叫的样子。

右翅弓　　　　　　　　　　　　左翅弦

喷雾器

注意不要喷到铃虫的食物上!

虫卵的过冬

为了防止干燥,可以在盖子和盒子之间夹上报纸或保鲜膜,时不时地给它们喷点水雾。

饲养的注意事项

- 铃虫对霉菌很敏感,所以要把食物插在竹签上。
- 铃虫身体细小,抓它的时候,要小心。

冬

Winter

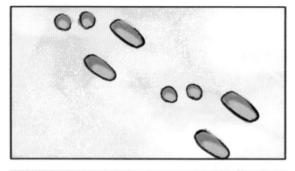

冬天动物的踪迹 1

日本兔

兔形目 兔科

胆小、喜欢夜行。
身影罕见，
但脚印常见。

夏毛

有些个体的
毛发在冬天
会变白。

足迹

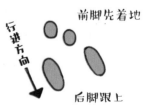

前脚先着地

行进方向 →

后脚跟上

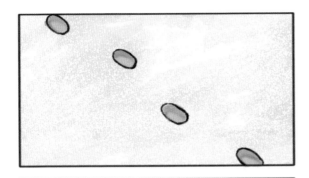

冬天动物的踪迹②

好漂亮的直线啊。这是狐狸先生留下的脚印吧。

真是很聪明呢。

啊！是狐狸先生。

我要过去一下哟。

真的很聪明呀！

踩着来时的脚印完美退回……

狐狸

食肉目　犬科

耳朵后面是黑色的。

脚尖颜色偏黑。

足迹

行进方向

【狩猎步法】
前脚和后脚的足印
是重叠的。

可以踩着之前的脚印退回。
（隐藏足迹）

节分特别篇①
含『鬼』的生物
鬼瘤

轰 轰 轰 轰
鬼瘤 *
*又名马勃

伞菌目　伞菌科
一种看起来像白色圆球的巨大蘑菇。可以食用。
（不过好像不怎么好吃……）

好大……
像『鬼』一样大的蘑菇。
大的可以达到50cm（甚至更大）。
有时会出现在街上的公园和院子里。

也许是因为外表看起来像球……
如果被孩子们发现的话，第一件事就是……

大人发现它的话，
拍到了嘚。
先不管三七二十一，先拍纪念照。
想踢一脚……

咻—
被踢飞。

※ 节分，日本季节的分界之日，如冬分前一日为秋，后则为冬。
瘤（liú）

鬼达磨虎鱼

鬼达磨虎鱼

轰轰轰轰轰

这种长相威严的鱼，简直可以用『鬼』来形容。

鲉形目　毒鲉科

生活在南方海域的鱼类。
在浅滩也能看到它们，
所以要保持警惕，
千万不要踩到。
因为它们背鳍上的刺有
剧毒！

平时会和海底的景色融为一体。

伪装成体表长满藻类的山。

……

躲在沙子里。

由于拟态伪装得太过完美，甚至在浅水区，人类都很难发现它。

滴——呜
滴——呜

我以为自己要死了。

你的人要死才对吧。

是踩到

它们的刺很硬，
简直就像"活地雷"。
穿人字拖的话
可千万要小心哦！

被踩到了！

咚
咚

※ 为便于理解漫画中的故事，这几篇保留了这些生物在日本的称呼中的"鬼"字。

鬼野芥子

和普通的苦苣菜一样，在路边就能看到。

但它有坚硬、锋利的刺，

如果因为它是外来物种而感到好奇，想把它拔下来的话，可能会吃苦头。

鬼海星

全身都有毒刺，被刺伤的话能感觉到肿胀、疼痛。

近年来，它们大量繁殖并侵蚀珊瑚礁的行为，已经成了一个令人头疼的问题。

鬼胡桃

吃起来很美味。

鬼胡桃也很受动物欢迎！

赤鼠　　日本松鼠

早起的青蛙

赤蛙产卵❶

二月

从冬眠中，

醒来

季节还是冬天！

水边已经没有天敌了！！

哎！ 哇！

冬水田

开始产卵！

快！

无尾目　赤蛙科

日本赤蛙多见于洼地。
而山赤蛙则常见于山地。

山赤蛙

日本赤蛙

冬天到早春这段时间，
两者都会选择在
稻田或浅水坑里产下
球状卵囊。

山赤蛙　日本赤蛙

背部线条有明显区别。

早起的青蛙

赤蛙产卵 ❷

今天太阳出来了……经过一个白天，冰就会融化了吧！

早上好！

没错！那我们今晚就去产卵吧！

晌午

冰开始融化了！

太阳暖洋洋

啪 啪 啪

就是现在！

快生，快生！

夜晚

早晨

晶莹剔透

蛙卵被果冻状的物质包裹着。在雨后很容易见到。

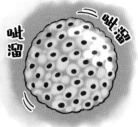

咕溜

咕溜

早春（2-3月）产卵的其他两栖动物。

赤蛙的两栖动物

是能早起的哦！

蟾蜍　蝾螈

睡到春天的雨蛙。

098

早起的青蛙 赤蛙产卵 ③

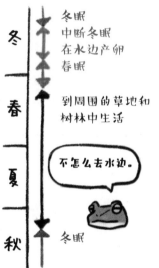

尽管它们在寒冷的冬季比其他青蛙早起产卵,但是……

季		
冬	冬眠 中断冬眠 在水边产卵 春眠	
春	到周围的草地和树林中生活	
夏	不怎么去水边。	
秋	冬眠	

重要的工作(产卵)完成后,又跑去睡觉。

叫声很像猫？

海猫

某个渔港

气氛紧张

你的语言好像和我们用的一样。

话说，你这个四条腿的……

鸻形目 鸥科

因为叫声很像猫，
所以得名"海猫"。
但说实话，
两者的叫声不太像。

喂，你在说什么呢？喵呜～

听不懂啊！

咪呀咪呀

也许你能听懂我说的话。

啪咪呀咪呀咪呀

一半！咱俩一人一半怎么样！

咪呀！

常见的鸥科鸟类

海猫

灰背鸥

海鸥

红嘴鸥

等等

还有和属种同名的鸟。（比较复杂）

长得像猫尾巴？
细柳柳

啊！

天气终于变暖了哟！

暖洋洋
暖洋洋

外套（芽鳞）

树上的冬芽也快脱掉外套了哦。

几天后

毛茸茸的

脱掉外套之后……

看上去更热了？

※ 细柳柳在日本被称为"猫柳"。

杨柳科　柳属

除了在野外，它还经常
出现在院子里的树木上。
因为像猫尾巴，
所以被起了"猫柳"
这个名字。

→

喜欢毛茸茸的触感的人类
经常触摸它。

哇！

夏天不太受欢迎。

含「猫」量为零。

以"猫"命名的日本生物

1987 年，日本将 2 月 22 日定为"猫之日"。
许多植物都以动物命名，其中也有相当多的物种以"猫"命名。
可见猫一直以来都是与人类十分亲近的动物。
虽然和季节没什么太大关联，但我想在此介绍一部分。

猫鲛（宽纹虎鲨）

明明是鲨鱼，脸却像猫一样圆润。
瞳孔也像猫。
正面看起来又有点像青蛙。

猫舌（卤地菊）

叶子像猫舌头一样粗糙。
如果你是养猫的人，或许会有共鸣。

猫眼草

因为果实看起来像猫眼而得名。
你见过这种植物吗？

猫乳

因为果实像猫的乳头而得名。
如果是养猫的人……（以下省略）

鲛（jiāo）

冬天盛开的花
山茶花与野鸟们 ❶

山茶花
山茶科　山茶属

在其他花卉和昆虫稀少的
冬季至早春开花

暗绿绣眼鸟
喜欢花蜜
害怕栗耳短脚鹎

栗耳短脚鹎
（稍微有点）
脾气暴躁

冬天盛开的花
山茶花与
野鸟们 2

那些家伙们又坏又可怕
咔
咔
咔
但它们也帮助我们搬运花粉哟。
是的，我很感谢它们……

感觉还是有点饿……
托你的福，我才能授粉。
谢谢你，栗耳短脚鹎先生……

尽管山茶花在昆虫稀少的冬天盛开，
但像暗绿绣眼鸟和栗耳短脚鹎这样的鸟也能作为授粉者传递花粉。

经常被花粉染黄的喙

咔嚓

狼吞虎咽

明明好不容易才传粉的……

栗耳短脚鹎有时也会不小心把花吃掉。

咕叽咕叽

哦！拈野！

水鸟们倒立采食

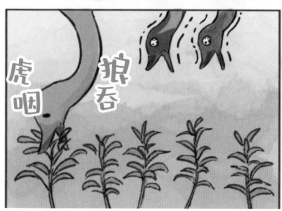

无法潜水的淡水鸭和其他水鸟们倒立着，采集水中的水草。

这个动作被通称为：

"竹笋"

天鹅类

雁类

鸭类

身边池塘里的"竹笋鸭"图鉴

冬天，鸭类等水鸟会聚集到一处，公园的池塘里热闹非凡。
观察水鸟不需要准备什么特别的道具，所以推荐大家去赏鸟哦。
一起去冬天公园的池塘里寻找各种各样的"竹笋鸭"吧。

针尾鸭
脖子很长
大型鸭类

♂雄性针尾鸭嘴巴的
上方是黑色的。

♂雄性针尾鸭的尾羽很长。

斑嘴鸭
一年四季都能看到，
不随季节迁徙
的鸭类。

♂雄性斑嘴鸭尾部的上下
尾覆羽处呈黑色。

绿翅鸭
比其他鸭类小一圈。

♂雌性绿翅鸭身上偶尔闪现的绿色翼
镜很漂亮。

♂雄性绿翅鸭下尾覆羽
有奶油色的斑块。

绿头鸭

♂雄性绿头鸭
头部呈绿色
或蓝紫色。

♂雄性绿头鸭尾端
有卷曲的羽毛。

潜伏在街上的
麻烦客

黑鼠
啮齿目　鼠科

比褐家鼠小一圈，
是一种擅长爬树的鼠类。
近年来，随着大楼越建
越高，其势力已逐渐超过
褐家鼠。

手脚掌

褶皱很多，
利于爬墙。

它们经常吃人类扔掉的垃圾。
世界曾有报道称，
因受到疫情的影响，
餐饮店停业期间，
街上老鼠大量出没。

老鼠大量出没

是餐饮店停业导致食物不足吗？

住在溪流里的青蛙
流田子蛙

一只雄蛙在被另一只雄蛙抱住的时候……

抓住啦!

「哩哩咝轰!」（快放开我!）

弄错了蛙……

可以发出『哩哩咝轰』的声音来告知对方抱错对象了。

抱住!

这次没有「哩哩咝轰」的声音，也就是说，这个是雌蛙!

哇哦!

抱住!

哈哈哈，你真调皮。

扑哧

扑哧

蹼(pǔ)

无尾目 赤蛙科

一种能适应溪流生活的青蛙，后脚蹼很发达。

它们的栖息地还居住着大马哈鱼和鲑鱼、鳟鱼。

蛙类有时会误把其他物种当作交配的对象。

冬天很容易被发现的螳螂卵囊

昆虫纲　螳螂目

中华大刀螳

整体看上去又圆又大。
多见于狗尾草和树枝上。

广斧螳螂

呈橄榄球形。
附在树干或者人造物
的墙壁上。

狭翅大刀螳

有两条纵向细长的条纹。
多附着在树枝或草茎上。

109

冬季盛开的冰花
霜柱

冬天看不到花开,好寂寞哦。

这附近好像有盛开的花哦。

在这么冷的时候开花吗?

越冷的地方反倒开得越好哦。

一片荒凉

根本没看到什么花啊。

呜……

唇形目　霜柱属

它之所以叫这个名字,是因为冬雨后的早晨气温较低,经常能看到它的茎部呈现出一种"毛细血管现象"。

水分

别名:

冰花

※ 和地表结冰形成的"霜柱"是两码事。

真正的花朵在夏天绽放。

让森林枯萎的鹿群

日本山柳

冬天没东西吃啊……

没办法了，要不我们吃点树皮吧？

我也想吃！

不好意思，这附近的树皮都被吃光了。

有些树还剩下树皮哦。

真的吗？

哪个，哪个？

就是可能吃起来难度有点大。

目前，日本鹿群的数量正急速增长，它们啃食树皮导致树木枯萎的行为成了人们需要面对的一大难题。

人们也已采取了一些措施来应对该问题，比如，通过狩猎等手段减少鹿的数量、呼吁保护树木等。

111

Column

专栏

为什么鹿群的数量不断增长

物种数量过度增长带来的困扰

说到野生生物带来的问题，人们往往只将目光放在濒危物种身上，而忽视了也有因数量过多而引起困扰的动物。在日本，鹿就是其中的一个例子。鹿群数量持续增长的原因被认为与环境的变化、猎人的减少以及天敌的消失有关。

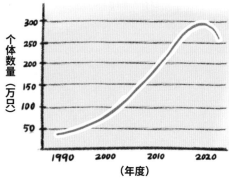

日本国内的日本鹿个体数统计（估测）

（纵轴）个体数量（万只）：300, 250, 200, 150, 100, 50
（横轴）1990, 2000, 2010, 2020（年度）

造成的危害

数量过多的鹿会把森林地表上生长的植物全部吃完。如果冬天没有食物吃的话，树皮也会被鹿群吃掉，整个森林都会枯萎。此外，鹿群到村庄偷吃农作物的情况也会随着种群数量的不断增加而变得愈加严重。

如何应对

为了有计划地减少鹿群的数量，每个地方的政府都与猎人合作，对鹿群进行个体数量管理。

野味加工厂

以成虫的形态过冬
宽边黄粉蝶

鳞翅科 粉蝶科

每年会发育2~3次，
在晚秋发育的个体将以
成虫的形态过冬，
它们在冬天会整日
待在树根或落叶下，
遇到温暖的天气时可能
会有所活动。

夏型

秋型

晚秋发育的个体身体
边缘的黑色较少。

113

早春绽放的花朵 阿拉伯婆婆纳

有春天的感觉了！

欢迎光临。这么早呀。

你们开门营业真是太好了。

原来冬天已经结束！

春天就要开始了啊！

车前科 婆婆纳属

冬天还未结束就开始盛放。
属于外来物种。虽然植株矮小，
但在早春里，竞争对手很少，
所以它们可以独享阳光。

它们和宽边黄粉蝶是早春里
很常见的组合。

当昆虫落在它们身上时，
花柄会有所弯曲，
使花粉更容易附着到昆虫身上。

春的气息在不断增加啊！

冬的感觉慢慢消退……

意外地离人类很近的猛禽

松雀鹰

鹰形科　鹰科

在过去，人们普遍认为松雀鹰是稀有物种，但近年来多次报道了它们在人类熟知的地方进行繁殖的案例。而且到了冬天，生活在山地的松雀鹰也会飞落到低地地带，所以，被观测到的概率很大哦。

干净利落的白眉，潇洒帅气！

鸽子被松雀鹰猎杀后，翅膀上的羽毛经常散落在公园等地。

就这样，
野生动物们
度过了漫长
而残酷的
冬天——

然后……

只有幸存下
来的生命，

才可以
迎接……

春天的到来。

在新生命的摇篮里

长尾山雀的巢穴

外面用苔藓和蜘蛛丝加固，里面塞满了鸟的羽毛。数量在 2000 根左右。

长尾山雀筑巢用的羽毛是鸽子、鸭子、小型鸟类自然掉落的，或是失去生命的鸟类挣扎时留下的。

Afterword
后　记

　　感谢您读到最后。我是本书的作者一日一种，我的笔名经常被读者议论称"笔名好奇怪""说起来拗口""下巴累死了"等。

　　如今多亏了《动物的机智生活1》，本系列的第2册才得以出版，这必须要感谢我的读者们。真的非常感谢。

　　本书称不上严格意义上的图鉴——因为我为了让读者读起来有亲切感，而省略了很多专业内容，同时采用了漫画的形式来表现所要叙述的故事。

　　我只是想让更多的人体会到"熟悉的生物就在身边"这种理所当然的感觉，所以我一直坚持创作这种形式的漫画。我把野生生命的健壮、短暂、迷人、丑态、强大、脆弱、聪明、愚蠢等各种各样有趣的特点都写进了书里。如果对本书感兴趣的读者，能够再买一本正式的图鉴，进而开始观察生物的话，我将会非常高兴。我希望这本书能成为带领大家走进野生动物世界的"钥匙"。未来，我想继续创作更多能让读者亲近的生物知识漫画，如果您今后看到相关书籍的话，希望您能再度垂阅。

　　我也期待着有一天能在野外与大家相遇！

　　再次致谢。

索引

图书在版编目（ＣＩＰ）数据

动物的机智生活. 2 / （日）一日一种著；蒋奇武，
李文欢译. -- 北京 ： 北京日报出版社，2023.5
（动物狂想曲）
ISBN 978-7-5477-4380-5

Ⅰ. ①动⋯ Ⅱ. ①一⋯ ②蒋⋯ ③李⋯ Ⅲ. ①动物—
少儿读物 Ⅳ. ①Q95-49

中国版本图书馆CIP数据核字 (2022) 第148984号
北京版权保护中心外国图书合同登记号：01-2022-4771

Original Japanese title: WILDLIFE! 2 MIJIKA NA IKIMONO KANSATSU ZUKAN
Copyright © 2020 Ichinichi-isshu
Original Japanese edition published by Yama-Kei Publishers Co., Ltd.
Simplified Chinese translation rights arranged with Yama-Kei Publishers Co., Ltd.
through The English Agency (Japan) Ltd. and Qiantaiyang Cultural Development (Beijing) Co., Ltd.

动物的机智生活 . 2

出版发行：北京日报出版社
地　　址：北京市东城区东单三条 8-16 号东方广场东配楼四层
邮　　编：100005
电　　话：发行部： （010）65255876
　　　　　总编室： （010）65252135
印　　刷：天津创先河普业印刷有限公司
经　　销：各地新华书店
版　　次：2023 年 5 月第 1 版
　　　　　2023 年 5 月第 1 次印刷
开　　本：675 毫米 ×925 毫米　1/16
印　　张：8
字　　数：100 千字
定　　价：38.00 元